PROPRIÉTÉS

DE

L'EAU-DE-VIE ET DU SEL

COMME REMÈDE A L'INFLAMMATION,

DÉCOUVERTES ET EXPLIQUÉES

PAR

WILLIAM LEE.

PRIX 2 FR. 50.

A PARIS,

CHEZ M. DELAY, RUE BASSE-DU-REMPART, 62.

1840.

Te $\frac{52}{11}$

T 3218.
Z. c. y.

PROPRIÉTÉS

DE

L'EAU-DE-VIE ET DU SEL

COMME REMÈDE A L'INFLAMMATION,

DÉCOUVERTES ET EXPLIQUÉES

PAR

WILLIAM LEE.

TRADUIT DE L'ANGLAIS.

PRIX 2 FR. 50.

A PARIS,

CHEZ M. DELAY, RUE BASSE-DU-REMPART, 62.

1840.

En offrant au public ce petit ouvrage, l'auteur ne croit pas nécessaire de faire son apologie. Il envisage la découverte qu'il contient comme supérieure à toutes les découvertes hygiéniques faites jusqu'à ce jour, soit pour un traitement extérieur, soit pour un traitement intérieur. Comme de l'usage de ce nouveau remède peuvent surgir de nombreux et frappans résultats, l'auteur espère que les personnes qui en auront profité voudront bien les faire connaître par le moyen des Journaux, afin de faire participer le public aux avantages qu'ils en auront reçus. L'auteur sera flatté de voir de telles notices insérées dans le *Galignani's Messenger*.

WILLIAM LEE.

L'EAU-DE-VIE ET LE SEL,

etc.

AU RÉDACTEUR DE *l'Intelligencer* DE LEEDS.

Monsieur,

Je prends la liberté de faire connaître au public, par la voie de votre estimable journal, un remède que j'ai découvert en France, il y a environ cinq ans, qui est des plus efficaces pour guérir l'inflammation. Malgré la simplicité de sa composition, je ne pense pas qu'il fût connu avant cette époque. Sa préparation est facile, étant composé seulement d'eau-de-vie et de sel ; ses résultats sont surprenans, et toutes les fois que je l'ai fait appliquer à l'inflammation, son usage a été entièrement couronné de succès.

Les proportions dans lesquelles il doit être préparé sont un tiers sel et deux tiers eau-de-vie, c'est-à-dire une cuillerée de sel pour deux cuillerées d'eau-de-vie. On peut s'en servir quelques minutes après la mixtion ; mais il vaut mieux le préparer d'avance, dans une petite bouteille, pour s'en servir au besoin. Ceci est pour le traitement extérieur. C'est aussi un puissant remède contre les meurtrissures, entorses, brûlures, coupures, etc., etc. ; contre les morsures vénimeuses des serpents, etc., etc., et contre les piqûres de guêpes, abeilles, etc. Après avoir lavé quelques fois la partie affectée l'inflammation aura entièrement disparu. On peut se servir de ce remède sans crainte, car il ne peut nuire en aucune manière. Il a été

1

employé avec beaucoup de succès dans les maladies d'entrailles, telles que coliques, choléra, purgations violentes et vomissemens. Dans ces derniers cas, on doit y mêler deux fois autant d'eau chaude qu'il y a d'eau-de-vie et de sel, et le boire aussi chaud que possible.

Je rappellerai seulement quelques faits parmi le grand nombre que j'ai observés. 1° En 1839 un de mes faucheurs, endormi dans un pré, à la Ferté Imbault, fut mordu par un serpent. Il enfla tellement, en quelques heures, qu'il respirait à peine, et son état devint si alarmant qu'on craignit pour sa vie. Mais une application d'eau-de-vie et de sel fit disparaître l'inflammation et lui permit de reprendre ses travaux en moins d'une semaine. A la même époque gisait agonisant, à l'hôpital de Romorantin, un malheureux qui fut guéri par le même moyen. Il avait été mordu par un serpent un an auparavant, et cette morsure l'avait réduit dans un état tel qu'il était presque impossible de demeurer près de lui. Cette dernière guérison m'a fait présumer que ce remède peut être efficacement appliqué aux morsures de chiens enragés, et neutraliser les effets du poison ; mais je n'ai pas eu encore l'occasion d'en faire l'expérience.

2° Un charpentier, étant tombé d'une échelle, reçut au dos une violente contusion qui lui fit éprouver d'horribles souffrances pendant trois semaines. Il fut soulagé en moins d'un quart d'heure, et deux ou trois jours après il se sentit capable de reprendre ses travaux.

3° Un homme, par suite d'excès, avait depuis cinq ans un ulcère à la jambe. Cette partie était si enflammée qu'il ne pouvait travailler, et que pour se mouvoir il était obligé de se traîner douleureusement sur ses mains et ses genoux. Quelque temps après avoir fait usage de l'eau-de-vie et du sel, il vint me remercier et me dire que l'inflammation était entièrement disparue, que l'ulcère n'était point encore parfaitement guéri, mais qu'i allait beaucoup mieux et qu'il pouvait reprendre ses occupations.

Je serais infiniment obligé aux rédacteurs de journaux qui voudraient bien insérer ces communications. Je désire vivement que ce remède simple soit connu et apprécié, étant assuré que son usage diminuera considérablement le nombre des maladies qui prennent leur source de l'inflammation.

Je suis, avec respect, etc.

WILLIAM LEE.

Leeds, 16 juin 1835.

Monsieur,

L'an dernier je donnai au public, dans votre feuille, le détail de la découverte d'un remède efficace contre plusieurs maladies, et principalement contre l'inflammation, soit extérieure soit intérieure, et les maux de tête. Depuis cette époque, j'ai eu plusieurs fois l'occasion d'éprouver ses salutaires effets ; je lui ai vu produire des résultats étonnans, et rarement son application a été infructueuse. J'ai été à même de l'essayer sur un cancer : un jeune homme avait le nez attaqué depuis six mois de ce mal affreux. Il avait en vain employé tous les remèdes imaginables, depuis vingt jours il n'avait pu dormir ; la douleur était devenue presque insupportable et commençait a se faire sentir violemment au gosier et sous une des oreilles. Je l'engageai a faire usage de ce remède qui le soulagea immédiatement ; la nuit suivante il put dormir, et un mois après il était parfaitement guéri. La manière qu'il avait adoptée consistait à se laver parfaitement la tête avec la préparation et de la couvrir ensuite. Il n'est pas nécessaire de se laver la tête plus de deux fois. Le lendemain il avala, aussi chaud que possible, deux cuillerées du remède mêlées à quatre cuillerées d'eau chaude. Il répéta cette opération six fois, de deux en deux jours, le matin une heure avant que de rien manger, en lavant aussi le cancer trois ou quatre fois par jour.

Je ferai aussi observer que pour laver la tête, la grande quantité de cheveux, loin d'être un obstacle, est favorable à l'opération, en ce que la tête ne sèche pas aussi vite et que le froid n'est nullement à craindre. Les applications extérieures doivent être faites sans mélange d'eau chaude ; mais pour les applications intérieures l'eau est utile, quoique non absolument indispensable, surtout quand on ne peut se procurer d'eau chaude et que le cas est pressant. J'en ai fait usage des deux manières. Dans les cas où l'usage de ce remède présentait quelque danger, j'en ai toujours fait l'expérience sur ma personne, et à présent je jouis d'une santé meilleure que jamais.

Il y a plusieurs maladies que je n'ai pas eu occasion de traiter, et contre lesquelles je pense que ce remède serait d'une incontestable utilité. Par exemple dans toutes les maladies nerveuses, qui souvent se changent en folie, je suis persuadé qu'en se lavant la tête avec cette préparation, et en en buvant plusieurs fois mélangée dans de l'eau, la maladie s'arrêterait; que même, dans les cas où la folie serait depuis longtemps constatée, il soulagerait assurément le patient, si toutefois il ne pouvait effectuer une parfaite guérison. Je ne doute pas qu'il ne put neutraliser l'effet de la morsure d'un chien enragé en l'appliquant aussitôt et en lavant la blessure plusieurs fois. Il existe plusieurs maladies auxquelles notre pays n'est point sujet, telle que la peste de Turquie, la fièvre noire des Indes Occidentales, le choléra Asiatique, et les morsures de serpens dans les régions tropicales. Je pense que dans ces occasions, lorsque le poison aura été extrait par le moyen de la pompe, il serait fort utile de donner au patient quelques cuillerées du remède mêlé avec de l'eau chaude.

J'ai souvent été surpris, dans le voisinage de ma résidence, de voir des personnes, dont la complexion pâle annonçait une mauvaise santé, devenir robustes et colorées après avoir fait usage de ce remède de la manière que j'ai indiquée. J'engage, en conséquence, ceux qui désirent avoir une belle complexion et jouir d'une bonne santé d'en faire usage. Sans aucun doute les bilieux en tireront un grand avantage, et je puis assurer qu'en aucune circonstance son application ne peut être nuisible. Toutes les fois qu'il n'a point produit d'effets, la cause peut en être attribuée à la mauvaise qualité de l'eau-de-vie ou à la manière imparfaite dont on l'a appliqué : comme pour les maux de tête de se mouiller le front seulement, quand il aurait fallu se laver entièrement la tête, de manière à ce que les cheveux en fussent entièrement imprégnés.

Si mes exhortations pouvaient avoir quelque influence, je dirais aux riches, aux puissans, aux influens et aux philantropes : cherchez, par tous les moyens possibles, à populariser la connaissance et l'usage de ce remède si simple. Par là, vous rendrez à vos concitoyens le plus précieux service. Je recommanderai aux manufacturiers et aux personnes qui occupent un grand nombre d'ouvriers d'en avoir une bouteille toute préparée, afin de s'en servir immédiatement en cas d'accident ou de maladie soudaine. Par ce moyen, ils préviendront l'interruption de leurs travaux et éviteront beaucoup de malheurs.

J'exhorterai aussi les missionnaires, qui vont dans les contrées lointaines pour y répandre l'évangile, de prendre connaissance de ce remède. Ils pourront ainsi, en soulageant les misères temporelles des peuples, faciliter l'établissement de la religion chrétienne, puisque les guérisons opérées par ce moyen sont si promptes qu'elles paraîtront miraculeuses. Combien de fois n'ai-je pas vu des personnes, éprouvant des souffrances si vives qu'elles ne savaient comment les adoucir, être soulagées sous mes yeux au moment même de l'application du remède. En voyant si soudainement la douleur disparaître, j'ai éprouvé, je l'avoue, un plaisir plus grand que tous ceux que j'ai ressentis dans le cours d'une existence assez heureuse. Je le répète, jamais, à ma connaissance, ce remède n'a produit que du bien, et je puis le recommander pour plus de maladies que je n'en pourrais mentionner, pourvu toute fois qu'il soit employé convenablement.

Enfin, ce remède, quoique destiné à la classe ouvrière, est, sans contredit, d'une utilité incontestable, et ne doit pas, en raison de sa simplicité, être dédaigné par les classes supérieures de la société. Les riches et les pauvres doivent participer aux bienfaits de cette découverte. Je serai assez récompensé en pensant que j'ai été choisi par la providence pour propager un traitement dont les résultats sont si précieux, et en voyant mes faibles efforts contribuer à adoucir les souffrances et a donner le bien être, non seulement à mes concitoyens, mais à l'univers entier.

Je suis, avec respect,

M. le Rédacteur, etc.

WILLIAM LEE.

Leeds, le 8 Juin, 1836.

Peut-être la personne qui écrit ces lignes sera accusée de présomption en exposant au public les effets prodigieux de sa découverte. Cependant il n'a en vue aucun intérêt personnel, et son seul désir est de populariser un remède simple et efficace. Il n'hésite pas à affirmer que de toutes les découvertes médicales faites jusqu'à ce jour, la sienne est la plus importante. Beaucoup d'inventions peuvent enrichir leurs auteurs, mais celles qui tendent à soulager l'humanité souffrante sont les plus précieuses. Au moyen d'un usage modéré de ce remède universel et peu coûteux, les indispositions de tous genres, les meurtrissures, les maux de jambes, sont guéris. J'en ai fait, non seulement sur moi, mais sur mes amis, mes voisins, mes serviteurs et mes ouvriers, des expériences si nombreuses que je pourrais à peine les énumérer. Non-seulement il opère sur les maladies ordinaires, mais souvent il en a guéri de réputées incurables sans le secours d'opérations chirurgicales, particulièrement des cancers, dont un grand nombre ont déjà été traités avec plein succès. Ce qui le rend plus précieux encore, c'est que son application ne cause aucune douleur. Beaucoup de personnes, en raison de son universalité, craindront de s'en servir; mais, je le réitère, je puis affirmer qu'il ne sera jamais suivi de conséquences fâcheuses, et je parle d'après l'expérience. Je ne puis expliquer son efficacité sur des maladies d'un caractère essentiellement opposé qu'en mettant en fait que toutes les maladies proviennent de l'inflammation, contre laquelle il est le plus puissant antidote connu jusqu'à ce jour. Ce remède est aussi fort utile pour faire disparaître infailliblement l'inflammation des membres fracturés et des plaies incurables, qui se rencontrent si souvent dans les hôpitaux, où un grand nombre de malheureux traînent une existence douleureuse et passent leurs nuits dans l'insomnie. Dans le cas où son application ne produirait pas une guérison immédiate, il les soulagerait suffisamment pour leur permettre de dormir la nuit, et ce repos produirait indubitablement un effet salutaire, et leur permettrait de quitter promptement l'hôpital et de reprendre leurs travaux. Je ne doute pas que si ce traitement était suivi pour les maladies que je viens de décrire, le   and nombre des malades dans les hôpitaux serait bientôt diminué de moitié. Malgré ceci, je crains bien que les médecins ne se montrent peu disposés à adopter cette découverte, parce qu'elle n'a point été mise au jour par un des hommes éminens dans la science; mais qu'on se souvienne que la plupart des plus utiles découvertes n'ont point été faites par des savans. Ainsi la science n'est pour rien dans celle-ci. Elle est due à la position dans laquelle je me suis trouvé placé, position qui m'a permis de reconnaître toutes ses propriétés, en l'appliquant au traitement de mes domestiques et ouvriers.

Si cette addresse tombe entre les mains de quelqu'un désireux de faire du bien à ses concitoyens, et qui, par sa position, puisse en répandre la connaissance dans les contrées où les maladies inflammatoires sont fréquentes, telles que la peste de Turquie, les fièvres, noire et jaune, dans les Indes Occidentales, à Sierra Leone et en différentes parties de l'Afrique, le choléra des Indes Orientales, les morsures venimeuses des reptiles et animaux, il rendra un service éminent à ces contrées; car il suffit que ce remède soit connu une fois pour n'être jamais oublié.

Malgré l'attestation que je puis donner, à l'aide des faits exposés dans cette adresse, que ce remède a guéri tous les cas de maladie qui lui ont été soumis, beaucoup de personnes penseront que c'est impossible, et contre l'opinion de telles personnes il n'y a rien à faire. Dans une ville de mon voisinage, trois familles, dont les enfants étaient affligés de la

teigne, me furent recommandées : deux des dames em-
ployèrent mon remède, en lavant le sommet de la tête de
leurs enfants, qui furent bientôt entièrement guéris ; les effets se firent remarquer même dès la première application.
L'autre dame ne voulut point l'appliquer, et ses enfants souf-
frirent longtemps. Une dame de ma connaissance était atteinte
d'une maladie, qui eut facilement été guérie dans le commencement ; mais quand je la pressai d'en faire usage, elle me dit
qu'elle ne pensait pas pouvoir être guérie par ce remède : elle
est maintenant morte, et aucun autre traitement n'a pu la
sauver.

Il y a un grand nombre de personnes qui ne veulent point
l'employer et qui sont ainsi privées du soulagement et de la
guérison qu'elles pourraient en attendre. Je ne doute pas cependant que le nombre de ces personnes ne diminue de jour
en jour ; car, à la vue des résultats heureux qu'il produit
toujours, il faudrait ne pas avoir le sens commun pour refuser
d'en faire usage dans le besoin. Qu'il soit convenablement
employé, soit pour le traitement intérieur, soit pour le traitement extérieur, et on n'a point à craindre de mauvais effets.
L'expérience de plusieurs années m'a convaincu qu'il ne peut
faire aucun mal, mais que ses propriétés sont beaucoup plus
efficaces quand il est bien préparé et convenablement appliqué.

INFLAMMATION. J'ai lu dans un journal qu'un professeur a
publié un traité pour prouver que toutes les maladies proviennent de l'inflammation ; ceci coïncide parfaitement avec
mes opinions et les observations que j'ai déjà faites à ce sujet.
Il n'est donc pas étonnant que ce remède, dont la propriété
est principalement reconnue dans les cas d'inflammation,
guérisse presque toutes les maladies ou en diminue beaucoup
l'intensité, quand l'application en est faite d'une manière convenable. On m'a souvent fait objection de l'universalité de
ses propriétés. Une dame à qui je le recommandais me
disait : « Je n'y ai aucune confiance, attendu que vous
me dites qu'il guérit toutes les maladies ; si vous me disiez

qu'il n'en guérit qu'une seule, je pourrais en faire usage; mais je ne m'en servirai en aucune circonstance et pour aucune maladie. » Ceci peut être de la circonspection ; mais ayant connaissance qu'il a guéri les maux de tête de toute espèce, les maux d'oreilles, l'inflammation des yeux, la fièvre, les coliques, les points de côté, les engelures, les brûlures, les cancers et plusieurs autres maladies, et cela non une fois, mais cent fois, je manquerais à mon devoir en ne faisant pas tous mes efforts pour le faire connaître.

CANCERS. Il a été appliqué à six cas différens de cancer, dont cinq ont été parfaitement guéris. Le premier fut guéri promptement, et l'application du remède ne causa aucune douleur. De ces cinq cancers, trois existaient depuis long-temps et deux étaient à leur première période. Il fut appliqué seulement une fois au sixième, et il détermina une hémorragie abondante, qui, je crois, était nécessaire, et qui soulagea beaucoup le malade; mais ses amis s'alarmèrent, et une consultation de médecins fut appelée. Il était riche, et, par conséquent, avait les premiers médecins de l'endroit ; ils furent fort offensés de ce qu'il avait consenti à se servir de ce remède, et dirent qu'ils l'abandonneraient s'il continuait à en faire usage. Il promit de l'abandonner, et je ne doute point qu'il n'ait tenu sa promesse, car il mourut un an après. Je suis persuadé que si on lui eût permis de continuer son traitement il eut été guéri comme les cinq autres. Ceux-ci étaient pauvres, et vivent à présent, ou vivaient il y a fort peu de temps; l'autre était riche, et il est mort. J'en suis véritablement affligé, car c'était un honnête homme.

FOULURES. Beaucoup de personnes souffrent depuis des mois entiers de foulures qui pourraient être guéries en peu de jours, et quelquefois même en peu d'heures, en fomentant la partie malade avec le remède. J'en ai connu qui, quoique traitées par de fort habiles docteurs, souffraient depuis plusieurs semaines, et qui ont été guéries en fort peu de temps par ma méthode.

Plaies ouvertes. A mon retour d'Angleterre à La Ferté-Imbault, en France, au mois de juillet dernier, j'appris qu'un de mes villageois ne pouvait travailler depuis deux mois. Quand je le vis, il me dit qu'il avait été saigné dans le commencement de mai, et que la saignée avait causé une grande inflammation. Il consulta un docteur qui lui dit d'appliquer des cataplasmes sur son bras ; il le fit ; mais, au bout d'un mois, ce genre de traitement occasionna une plaie effroyable. Il consulta le docteur, qui lui ordonna de continuer les cataplasmes ; il continua donc ; mais son bras alla plus mal encore. La douleur l'avait privé de sommeil et l'avait réduit à l'état d'un squelette. Je lui dis d'envoyer à ma demeure chercher de mon remède, et de jeter au feu tous les cataplasmes, s'il ne voulait perdre son bras. Il appliqua mon remède l'après-midi même, et je le vis deux jours après. Il était totalement changé ; il me dit avoir parfaitement dormi depuis, et il put reprendre ses travaux dix jours après. — Quelque temps après un autre homme eut la main broyée par un chariot, et une partie d'un doigt enlevée. Les remèdes en usage dans le pays pour ces sortes d'accidens furent alors employés, et je ne le vis que quelque temps après : déjà la gangrène s'était déclarée. La première application de mon remède lui causa une grande douleur, qui dura même une demi-heure après ; mais les suivantes furent moins douloureuses ; sa main alla mieux de jour en jour, et il est maintenant guéri d'un mal qui lui eût certainement coûté la vie. Son doigt est guéri aussi ; l'os broyé est tombé jusqu'à la jointure.

Un de mes gardes-chasse eut le malheur d'avoir le visage horriblement brûlée par une explosion de poudre ; ses yeux avaient tellement souffert de cet accident qu'il ne pouvait voir que d'un œil, et même fort peu. Le remède fut appliqué une demi-heure après l'accident, et malgré la douleur qu'il lui causa, il eut le courage de continuer. Le résultat fut qu'après cinq ou six applications il ne lui causa plus de douleur, et qu'il fut guéri complétement en quinze ou vingt jours. Sa vue, qui était faible avant l'accident, est même maintenant beaucoup meilleure.

D'après toutes les guérisons que je viens de mentionner, opérées depuis ma visite à Leeds, l'année dernière, je pense qu'il est du devoir de toutes les personnes qui ont soin des hôpitaux, etc., de faire usage de ce remède, et je ne doute pas que si elles condescendent à s'en servir, un grand nombre de malades seront guéris, que la population des hôpitaux sera considérablement diminuée, et qu'une foule de misérables, traînant dans ces maisons une existence qui est à charge à la société et à eux-mêmes, pourront se livrer au travail et suffire à leurs besoins et à ceux de leur famille. Ceux mêmes qui sont affligés de plaies incurables seront tellement soulagés, s'ils ne sont pas entièrement guéris, qu'ils pourront gagner leur vie et auront une existence heureuse, comparativement à leur état actuel. J'en ai un exemple : Deux hommes, habitant un village près de ma maison, en France, étaient affligés de plaies incurables aux jambes. Avant qu'ils aient fait usage de mon remède, leur vie était réellement une vie de misère ; maintenant, ils n'éprouvent qu'une légère douleur, et sont capables de faire deux milles à pied pour se rendre à leur travail. La jambe de l'un n'a presque plus que l'os et les muscles.

La manière d'employer ce remède sera facile aux personnes qui ont l'habitude de traiter les maladies. Si un médecin, dans chaque hôpital voulait en faire l'essai, je ne doute point qu'il ne fût aussitôt employé par tous les autres, tant ses effets sont infaillibles et précieux, surtout pour nettoyer les plaies et les débarrasser promptement de toute matière impure.

Les expériences de l'année dernière m'ont fourni un exemple qui me paraît le plus surprenant de tous. — Un jeune homme, fils unique d'une femme veuve, était, dans le commencement de juin dernier, étendu sur son lit de mort ; il était atteint de consomption ; à peine pouvait-on le lever pendant le temps nécessaire à renouveler son lit. L'application du remède paraissait être trop tardive ; néanmoins elle fut effectuée de la manière suivante, qui produisit les résultats qu'on va voir : D'abord, le sommet de la tête fut bien lavé avec le remède ; ensuite il en but deux cuillerées mélangées dans de l'eau chaude, et une pièce de linge doux fut imbibée du remède, pliée en plusieurs doubles et placée sur sa poitrine, afin de soulager une toux déplorable, qui, venant par crises, lui faisait rendre péniblement une matière dure et jaunâtre. Je lui ordonnai de prendre chaque matin, à jeun, deux cuillerées mêlées avec de l'eau chaude ; ce qu'il fit. Chaque jour, je m'informais si un changement s'était fait remarquer ; pendant six ou huit jours, aucun résultat n'avait eu lieu, et j'allais l'abandonner, quand il me dit qu'il se sentait mieux. Il me dit qu'il toussait toujours, et que ses expectorations étaient blanches et mousseuses, ce qui continua pendant quelques semaines ; mais, environ six jours après le premier changement, il gagna un appétit tel que rien ne pouvait le rassasier. Il commença alors à prendre des forces et à s'asseoir sur son lit, et bientôt il put aller rendre visite à ses amis. Bientôt après, il ressentit une grande douleur dans le côté ; un abcès se déclara, à la suite d'une grande inflammation : il appliqua sur cette partie un linge imbibé du remède, et au bout d'une semaine, l'abcès perça, la douleur disparut, sa toux cessa entièrement, et malgré la quantité de matière qui s'écoulait de la plaie, il continua à gagner des forces ; son appétit était bon, et il continua de prendre le remède comme auparavant. Un habile médecin, qui vint alors à passer dans le village, dit, et c'était l'opinion de tout le monde, qu'il serait tout-à-fait bien, s'il pouvait passer l'hiver. Il le passa, et vivait quand je quittai Là Ferté Imbault ; mais je crains bien que l'abcès qu'il avait au côté ne lui soit funeste, car il était toujours ouvert, et la quantité de matière qui s'en échappait était considérable. Avant qu'il fût formé, je le considérais comme guéri, et je n'ai pas le moindre doute que s'il se fût servi de mon remède

dès le principe de sa maladie, il n'eût été guéri infailliblement.
Maintenant, je demande aux médecins qui traitent ces maladies et aux amis des personnes atteintes de consomption s'il ne serait pas avantageux de suivre le même traitement.

Ayant un grand désir que la connaissance de ce remède et de ses effets pût pénétrer dans les régions où les maladies inflammatoires sont communes, et, afin que les précieux avantages qui résultent de ma découverte fussent connus, j'ai répandu cette brochure, et j'en ai même adressé à des personnes qui résident en Orient, dans l'empire ottoman et en Égypte. Je prie ces personnes de vouloir bien propager cette découverte dans ces contrées, ne doutant pas qu'elle ne guérit la peste et les maladies inflammatoires, si le remède est mis en usage à l'instant où ces maladies se déclarent, ou dans les premières périodes. Ne l'ayant jamais appliqué à la peste, je ne puis indiquer la méthode à suivre pour cette maladie, mais je pense que la meilleure est de commencer par s'en laver la tête, et, si la gorge est douloureuse, de se gargariser le gosier et se laver la bouche ; de s'en remplir les oreilles l'une après l'autre, en laissant demeurer le remède pendant quinze à vingt minutes dans chaque oreille. Le malade doit boire deux cuillerées dissoutes dans de l'eau chaude, de trois en trois heures, et même plus souvent, selon l'intensité de la maladie ; les parties décolorées ou enflammées doivent en même temps être fomentées avec le remède.

Pour les contrées où les fièvres inflammatoires et le choléra sont frequents, la même méthode pourra être suivie. Les maux de gorge et les inflammations d'estomac sont souvent accompagnés de résultats tellement fâcheux, et la prompte administration du remède est si urgente, que, ne fût-il pas possible d'avoir à l'instant un médecin, la première personne venue ne doit pas craindre de l'administrer : il ne peut certainement causer aucun mal.

Les missionnaires doivent aussi en prendre connaissance. Je ne doute point que si tous les missionnaires le connaissaient parfaitement, et qu'ils l'employassent sans faire connaître de quoi et de quelle manière il se compose, je ne doute point, dis-je, que par ce moyen ils ne fissent un grand nombre de conversions, et avec beaucoup de facilité. Les résultats sont si prompts qu'ils seront attribués au miracle, particulièrement dans les maladies aigues, comme l'inflammationd' estomac et des intestins. Avec ce remède extraordinaire d'une main et l'Évangile de l'autre, l'empire de la Chine, le Japon, jusqu'ici interdits aux Européens, seront convertis au catholicisme; les monarques de ces pays même ne pourront y résister. Il faut, pour remplir cette mission, des hommes de courage et de talent, bien instruits, par l'experience, de ses précieux effets. Cependant ses résultats ne peuvent être nuisibles, et personne ne doit craindre de s'en servir.

Omissions dans les précédentes publications. Je négligeai, quand je publiai pour la première fois ma découverte, d'expliquer que le remède doit être employé parfaitement clair; que, après que les parties qui le composent ont été placées ensemble, on doit secouer le tout pendant plusieurs minutes, et le laisser en repos jusqu'à ce qu'il soit devenu clair. Le tout cependant doit demeurer toujours dans la même bouteille : la partie claire doit seulement être appliquée, car celle qui contiendrait encore des particules de sel causerait de la douleur et de l'irritation. Quand il est clair, il ne cause aucune douleur, excepté sur les plaies ouvertes, et cette douleur n'est que momentanée.

MANIÈRE DE COMPOSER LE REMÈDE.

Remplissez une bouteille aux trois-quarts d'eau-de-vie, et ajoutez-y la quantité de sel suffisante pour vous permettre de mettre le bouchon. Quand le tout sera bien mêlé, remuez pendant dix minutes; laissez ensuite reposer, afin que les parties salines qui ne seraient point fondues descendent dans le fond, et ayez particulièrement soin de ne vous en servir que quand il sera clarifié. L'efficacité est loin d'être aussi grande et la douleur est considérable, surtout quand il est employé pour des plaies ouvertes, quand quelques parties de sel demeurent non dissoutes dans l'eau-de-vie; cependant l'eau-de-vie et le sel doivent demeurer ensemble, et quand l'eau-de-vie est épuisée, on peut en verser de nouvelle sur le sel. Malgré qu'on puisse s'en servir vingt minutes après la mixtion, il peut se conserver long-temps, et on peut en préparer d'avance et en avoir toujours à sa disposition, à raison de ses prodigieux effets, soit qu'on l'applique aux affections extérieures ou intérieures.

M. Mac-Even, chimiste manufacturier de Liverpool, a eu la bonté de dire qu'il pensait que si le sel était séché devant ou sur le feu, il gagnerait beaucoup et serait dégagé de toutes les parties impures qu'il renferme. Je n'ai point fait encore cet essai, mais je me propose de le faire à mon retour à La Ferté Imbault, attendu que le sel de France renferme plus de parties impures que le sel d'Angleterre.

En finissant, je vous prie de faire connaître que cette adresse n'est rédigée que dans le but de faire le bien, et que je n'entends faire de peine à qui que ce soit. C'est un bienfait pour le genre humain, et je désire qu'il soit considéré sous ce point de vue.

Je suis sincèrement votre serviteur,

W. LEE.

Leeds, 1839.

ADRESSE AU ROYAUME BRITANNIQUE,

MAIS PLUS PARTICULIÈREMENT AU YORKSHIRE, LANCASHIRE ET LEEDS, TOUCHANT L'EAU-DE-VIE ET LE SEL.

L'année dernière, lorsque je pris la liberté d'adresser et de recommander au grand empire britannique la découverte que j'avais faite de ce remède, je m'attendais à ce qu'un grand bien serait opéré par son usage. A l'égard de certaines villes du voisinage mes espérances n'ont point été tout-à-fait déçues ; la connaissance de ce remède y a fait de grands progrès ; les résultats ont été heureux, mais cependant l'accueil qu'il a reçu est encore bien au-dessous de son mérite. Il y a cinq ans que j'ai annoncé cette découverte par le moyen des journaux, et malgré que son usage ait partout été couronné de succès, il n'a nulle part été accueilli avec autant de faveur que dans la grande, l'opulente et riche ville de Leeds. J'ai pensé et je pense toujours qu'on aurait pu et même qu'on aurait dû faire d'avantage, en accueillant cette découverte. Combien, depuis cinq ans, a-t-on fait de choses entièrement inutiles au bien-être de la ville, tandis que ce qui touche le bien-être des pauvres et l'humanité tout entière a été négligé ! De grandes sommes ont été données pour l'amélioration de contrées lointaines ; c'est une preuve de la libéralité et de la philanthropie de ma ville natale, et malgré que je ne l'habite plus, j'en éprouve une sensible satisfaction ; mais j'avais espéré que quelques gentilshommes se seraient avancés et auraient proposé de consacrer un des bâtimens publics destiné à recevoir les malades à la guérison des pauvres par ce remède. J'avais pensé que le *House of recovery* ou une partie de cet établissement aurait pu être destiné à cet objet, ce qui aurait permis non seulement de combattre, mais d'éloigner une fièvre des plus malignes, à laquelle les habitans de notre ville peuvent être sujets. Si je me suis trompé, et si cet établissement ne peut être affecté à ce genre de traitement, une souscription peut facilement être faite pour l'érection et l'entretien d'un établissement semblable, qui serait un bienfait inappréciable pour les classes pauvres. On me répondra que nous avons l'*Infirmary* ; mais malgré la recommandation que j'en ai faite à plusieurs médecins de cet établissement de secours, je n'ai aucune connaissance qu'ils l'aient mis en usage. Combien, par ce moyen, les infortunés que renferme cette maison seraient soulagés ! Je demande la permission de répéter ce que j'ai déjà dit dans plusieurs occasions, qu'un grand nombre pourraient être guéris ou considérablement soulagés par ce remède, avec une dépense qui n'excéderait pas la sixième partie de la dépense actuelle. Donc, afin de réaliser ce but, je donne la somme de cinq guinées, comme commencement d'une souscription d'une guinée par an ou au-dessus, pour être employée à construire un hôpital pour l'application de mon remède, si un édifice public ne peut être accordé à cette destination. J'espère que ce léger commencement de contribution ne passera pas inapperçu, et que quelques gentilshommes influens voudront bien seconder mon projet. J'aime à penser qu'il y a dans Leeds grand nombre de personnes qui ne le cèdent point en générosité à mon ami, M. Wallance de Hull, — je l'appelle mon ami, quoique je ne l'aie jamais vu, à cause du zèle et de l'activité qu'il a mis à propager la connaissance de mon remède, qui lui a été si utile, et qui a changé sa vie de douleurs et de souffrances en une existence de comfort et de plaisir.— J'espère que de telles personnes se rencontreront, et je désire sincèrement que Leeds soit la première ville qui montrât ce qui peut être fait par l'établissement d'une telle institution pour le bien-être du genre humain.

Un grand nombre d'exemples frappants de son efficacité ont été remarqués depuis ma visite à Leeds, l'an dernier. Je mentionnerai seulement les deux suivans :

Une dame d'un village près de mon château avait une attaque de nerfs qui la mettait souvent dans un état voisin de la folie ; tous les traitemens ordinaires avaient été déjà employés sans succès. Je la voyais souvent, ainsi que son mari, et j'étais presque certain que l'emploi de mon remède la guérirait ; cependant, je ne leur en parlai pas et je ne les pressai pas de s'en servir. A la fin, le danger devint si pressant et si sérieux, que je fis promettre au mari qu'il en ferait usage. Deux ou trois applications firent disparaître tout-à-fait le mal, et je suis heureux de dire que cette dame s'est toujours bien portée depuis.

A l'époque des derniers vents de nord-est, qui quelquefois sont très-violents, plusieurs personnes dans le voisinage de ma demeure en France furent atteintes de malaise, de tremblemens, de violens maux à la tête, dans la poitrine, dans le côté, et pouvaient à peine regagner leurs demeures, si elles s'en trouvaient éloignées. La première personne qui en fut atteinte fut mon maçon, un beau jeune homme dans la fleur de l'âge et de la force ; je le vis environ trois heures après que la maladie se fût déclarée ; mais il avait fait demander un docteur, et je ne crus point devoir intervenir. Il fût abondamment saigné ; les vésicatoires lui furent appliqués, et il fut condamné à une diète qui le rendit extrêmement faible. Je suis heureux de dire qu'il fut sauvé, malgré que sa guérison eût été très-lente et fort douteuse. La seconde personne fut un de mes gardes-forestiers ; j'appris sa mort avant d'avoir connaissance de sa maladie. La troisième fut un jeune homme de l'une des fermes ; il fut atteint de la maladie le samedi et mourut le jour suivant, le dimanche. Le quatrième fut aussi un jeune homme d'une de mes fermes, et que je visitai le lundi. On vint me dire qu'il s'était levé à trois heures du matin et avait mené paître les bœufs ; qu'il avait alors été saisi comme les autres, et avait eu peine à regagner la maison ; qu'il était aussi mal que le jeune homme de la ferme voisine, qui était mort le jour précédent. et que si on ne pouvait pas arrêter les progrès de la maladie, il ne pourrait survivre long-temps. J'allai immédiatement le voir, et, malgré qu'on eût envoyé chercher le docteur, comme il était un de mes serviteurs, je voulus essayer de le soulager. J'eus soin que la tête fût bien lavée avec le remède et je fis tout ce que je pensai nécessaire en cette circonstance. Avant de quitter la chambre, je lui demandai comment il allait : il me répondit que la douleur avait disparu. Bien, lui dis-je alors, vous êtes à moitié guéri. Deux jours après, quand je visitai la ferme, mon premier soin fut de m'informer du jeune garçon. On me répondit : Oh ! il est tout-à-fait bien, et il a repris ses travaux ce matin même. Il vint immédiatement me remercier de ce que je l'avais guéri. Je lui dis alors que les seuls remercîmens qu'il eût à faire étaient de bien remplir les devoirs que sa situation lui imposait. Il paraissait extrêmement heureux de ne plus souffrir ; nous étions donc contents tous deux du résultat de l'application de mon remède. C'est un fort et beau jeune homme, et je suis convaincu que ce cas était aussi dangereux que les autres que je n'ai point traités.

Depuis ma dernière visite à Leeds, j'ai observé que plusieurs personnes qui ont usé avec succès de mon remède ont commencé à publier une de mes adresses en brochure. Je ne doute point que les intentions de ces personnes ne fussent excellentes, mais cette manière de rendre publique ma découverte est accompagnée de tant d'inconvéniens, que j'ai résolu de publier une brochure moi-même, espérant, de cette manière éviter qu'il en soit publié d'autres. Il y a six mois, je n'avais aucune idée de faire imprimer une brochure à mettre en vente ; mais maintenant je suis persuadé que le public appréciera les inconvéniens de publier une découverte d'une manière imparfaite. En effet, par suite de ces publications que je viens de mentionner, j'ai reçu quantité de lettres à ma résidence en France. Il serait impoli de ne point y répondre ; cependant, comme mes occupations ne me laissent aucun loisir et que depuis cinq heures du matin jusqu'au soir, tous mes instants sont employés; il me sera impossible désormais de répondre à de telles lettres ; si je le faisais, le nombre pourrait s'élever à plus d'un mille par année. Il sera facile aussi d'apprécier les dépenses que de telles missives pourraient m'occasionner, quand je dirai que celles que j'ai reçues déjà m'ont coûté environ deux shillings chacune, en moyenne. Je ne recevrai donc plus de lettres à cet effet, ni à Leeds, ni à ma résidence en France, attendu qu'il me serait impossible d'y répondre. Je ne pense pas non plus qu'il soit besoin d'aucune information après la publication de cette brochure, qui produira les plus heureux résultats dans les familles où la découverte dont elle traite sera mise en usage, et qui sera tirée à cinq cents exemplaires.

Je suis, avec respect, votre serviteur.

WILLIAM LEE,

Leeds, 1840.

P. S. Cette brochure, simple comme le remède dont elle traite, sera un livre de famille auquel on aura recours dans tous les cas de maladie. C'est dans mon opinion le plus utile qui puisse exister, et j'écris avec une expérience de dix années.

MALADIES ET MANIERE LES TRAITER.

Les Tournoiemens de Tête appelés Vertiges sont guéris en lavant simplement le sommet de la tête avec le remède pur. On doit continuer à en frotter cette partie pendant une demi-heure après que le vertige est disparu. Quelquefois il est guéri au moment même de l'opération; quelquefois une heure après; quelquefois même il ne cesse qu'après que le malade s'est mis au lit. Il y a quelques personnes auxquelles il revient plusieurs fois, mais il est facilement éloigné en répétant aussitôt le moyen indiqué ci-dessus.

L'Irruption du Sang a la Tête, mal dont le traitement ordinaire, l'application de nombreuses sangsues sur les tempes, n'est pas toujours suivi de la guérison, et qui souvent met le malade au bord de la tombe, est toujours presque entièrement calmé, et souvent guéri, en lavant le sommet de la tête avec le remède. Quelquefois, ce mal est chassé très-promptement, et généralement par une seule opération. Dans le cas contraire, cette opération doit être répétée une seconde fois, et le malade doit boire deux cuillerées du remède mêlées à six ou ou huit cuillerées d'eau chaude. Le moment le plus favorable pour laver la tête est toujours quand le malade sort du lit, et la dose doit être prise le matin, environ une heure avant le déjeûner, et être répétée plusieurs fois.

Les Maux de Tête sont guéris de la même manière que l'irruption de sang à la tête, avec le remède. Je l'ai appliqué en cent circonstances et toujours avec succès. Dans le cas où le mal de tête serait opiniâtre, l'opération doit être répétée, et le malade doit prendre deux cuillerées avec six ou huit cuillerées d'eau chaude. Mais généralement le mal succombe à la première opération.

Inflamation des Yeux. Avant de parler de la manière dont elle est guérie, je dirai que le remède, ne fût-il efficace que contre cette seule maladie, serait au-dessus de tout prix. Il n'est point besoin de chambre obscure, il n'est point nécessaire de cesser ses occupations ordinaires, ni de subir la cautérisation des yeux, qui souvent cause la perte de la vue et la désolotion des familles. Cette maladie est guérie en mouillant un peu, avec le remède pur, le coin d'un mouchoir, cinq ou six fois par jour, et en lavant chaque fois parfaitement l'intérieur de l'œil malade. Cette opération peut se faire soit en travaillant, soit en marchant, soit en montant à cheval, en vaquant à ses affaires habituelles. La douleur est très-légère et la guérison certaine. Quelle différence avec le traitement ordinaire! Un de mes amis fut renfermé dans une chambre obscure, pendant deux mois et demi ; ses yeux furent cautérisés plusieurs fois, et il subit en outre plusieurs autres opérations, et après tout cela il n'était pas aussi bien guéri qu'il l'eût été avec mon remède dans une quinzaine, s'il l'eût employé à temps. Mais, dans ce dernier cas, il eût peut-être dit que l'inflammation n'était point sérieuse.

L'Inflammation du Cerveau est guérie en lavant le sommet de la tête avec le remède jusqu'à ce que la douleur ait cessé. Dans beaucoup de circonstances, des existences précieuses auraient pu être prolongées par l'usage de ce remède. Mme Malibran, à Manchester, succomba à cette maladie. Je ne doute point que si on lui eût fait l'application du remède, comme il est dit ci-dessus, sa vie n'eût été épargnée.

Le Mal de Dents est guéri d'une manière que j'ai découverte moi-même. C'est de remplir simplement l'oreille du côté où est la douleur, avec le remède pur, et de l'y laisser demeurer pendant dix minutes, jusqu'à ce que la douleur ait disparu. Rarement je l'ai vu manquer en ce cas. Quand les dents ne sont point gâtées, la douleur ne reparaît plus ; mais quand les dents sont gâtées, elle peut être ramenée par le froid. Il faut alors remettre le remède dans l'oreille et l'y laisser pendant cinq minutes.

Le Mal d'Oreilles est guéri, comme le mal de dents, en

remplissant l'oreille avec le remède. Ceci est une opération agréable, et qui peut, sous d'autres rapports faire beaucoup de bien.

LA SURDITÉ est bien diminuée, et souvent guérie par la même méthode (remplir l'oreille avec le remède). En plusieurs occasions semblables, son efficacité m'a été démontrée, et moi-même, depuis que je m'en suis servi, j'entends avec plus de facilité. Il faut remplir d'abord l'oreille la moins affectée, et laisser le remède dix minutes ; ensuite l'autre, et y laisser le remède toute la nuit.

LES DENTS sont préservées en mettant un peu du remède chaque semaine ou chaque quinzaine sur la brosse à dents, lorsque l'on s'en sert. Ceci fera disparaître aussi la douleur occasionnée en mangeant des fruits sûrs ou par toute autre cause.

LES CLOUS AUX GENCIVES sont guéris en saturant un morceau de linge avec le remède et en l'appliquant sur la partie, entre les gencives et la joue. Le moment le plus convenable est en allant se coucher ; on doit l'y laisser toute la nuit ; il calme les plus violentes douleurs. La même opération doit être répétée pendant plusieurs nuits pour faite disparaître le clou et empêcher les dents d'être ébranlées.

LES ÉRUPTIONS A LA FACE ET A LA TÊTE sont généralement guéries en lavant la partie avec le remède. Si elles sont d'une nature cancéreuse, et existent depuis peu de semaines, le remède ne produit aucune douleur, et la guérison est opérée avec une extrême facilité ; mais à tous les autres genres d'éruptions il cause de la douleur.

LES FIÈVRES INTERMITTENTES sont guéries en lavant une fois la tête, en se mettant au lit, et en prenant le lendemain matin deux cuillerées du remède mêlées de six cuillerées d'eau chaude, pour un homme, et de la moitié de cette quantité pour une femme, une heure avant le déjeûné. On répétera cela pendant douze jours, ou jusqu'à ce que la maladie soit entièrement subjuguée.

La Colique est également guérie en quatre ou cinq minutes, en prenant deux cuillerées du remède mêlées avec de l'eau chaude. Si on n'est pas guéri la première fois, on doit répéter et prendre la dose plus forte. Rarement, il est nécessaire de répéter le remède deux fois, et je l'ai vu fort peu répéter trois fois.

Le Choléra est guéri en lavant la tête une ou deux fois, ou plus souvent, selon que la douleur de tête se renouvelle, et en prenant deux ou trois cuillerées du remède avec de l'eau chaude. Si l'attaque est violente, on doit répéter la même opération plusieurs fois chaque jour, à de courts intervalles, et si la peau est décolorée, la partie doit être lavée avec le remède jusqu'à ce que la douleur ait disparu.

Les Esquinancies doivent être combattues de toutes les manières possibles, d'abord en se gargarisant avec le remède pur; ensuite en en remplissant chaque oreille l'une après l'autre, et le laissant demeurer dans chacune environ dix minutes. J'ai trouvé que cette méthode donnait un grand soulagement, et le moment le meilleur pour cela est en se mettant au lit. Alors, un petit linge imbibé avec le remède peut-être mis autour du cou, et être tenu continuellement humecté. Ces méthodes sont ordinairement employées avec bonheur, si non avec un entier succès : l'esquinancie, qui pourrait devenir quelque chose de pire, est grandement diminuée. C'est une des maladies qui demandent le plus de persévérance dans le traitement, et, après tout, mais bien rarement cependant, l'usage des sangsues devient nécessaire.

L'inflammation d'intestins est guérie en prenant deux cuillerées du remède mêlées dans de l'eau chaude, et à de courts intervalles, jusqu'à ce que la douleur ait disparu. Il est bien aussi de frictionner l'extérieur, et d'appliquer une flanelle chaude sur la partie; cette flanelle peut être tenue chaude, et même brûlante, en appliquant dessus une bassinoire. J'ai eu l'occasion de constater d'heureux résultats de cette opération.

Les Points de côte sont souvent les avant-coureurs de pleurésies ou d'autres fièvres. Après que la tête a été lavée avec le remède, le côté doit l'être également jusqu'à ce que la douleur soit calmée. Si ce moyen ne réussit point, il faudra alors prendre un peu de linge, le doubler plusieurs fois de manière a en former six pouces carrés, l'imbiber du le remède et l'appliquer sur la partie douleureuse. Il faudra avoir soin de la tenir humide. Ce moyen a été d'un grand usage en plusieurs circonstances ; il fait disparaître la douleur en moins d'une heure, et souvent prévient les fièvres. Il est bon aussi que le malade en prenne deux cuillerées mêlées avec de l'eau chaude.

Le Rhumatisme est toujours soulagé, et fort souvent guéri, en frictionnant avec le remède la partie affectée. Mais cette opération doit être continuée pendant plusieurs jours, ou même pendant plusieurs semaines, une ou deux fois par jour. Il y a des cas où le malade devra prendre deux cuillerées mêlées avec de l'eau chaude, une fois par jour, pendant douze où quatorze jours. C'est une des plus opiniâtres maladies, et son traitement demande une grande patience et beaucoup de persévérance. Elle a cependant toujours cédé à mon remède, quoique l'usage d'une brosse ait été souvent nécessaire. Beaucoup d'exemples peuvent être cités de personnes affligées de cette maladie, et qui étaient obligées de passer l'hiver dans de grandes douleurs et constamment retenues à leur demeûre, qui, par l'application de ce remède, ont joui d'une excellente santé pendant toute l'année.

La Goutte et la Goutte Rhumatismale. Ces douleureuses maladies étant dans le sang, il serait indispensable que la personne affectée eut le sommet de la tête bien lavé, une fois, avant de se mettre au lit. Le matin ensuite elle en prendra deux cuillerées, mêlées avec de l'eau chaude, une heure avant de déjeûner ; elle répétera la même chose pendant douze ou quatorze jours, et la partie enflammée ou douleureuse sera touchée avec quelque chose de très-doux, soit une plume, jusqu'à ce qu'elle puisse supporter de la laver avec le doigt. Ces affections demandent une grande persévérance.

LES BRULURES sont promptement guéries par ce remède. La partie affectée doit être frottée avec le remède pur. La première application est douleureuse, mais la douleur n'est pas de longue durée et diminue graduellement à chacune des applications suivantes. La plaie est bientôt guérie ; mais il est quelquefois nécessaire d'y appliquer quelque chose pour l'adoucir : le suif, ou toute autre matière d'une nature adoucissante, conviennent parfaitement.

LES ENGELURES sont guéries par l'application de ce remède, mais il faut prendre soin de frotter la partie affectée jusqu'à ce qu'elle soit parfaitement sèche. Il y a aussi une autre manière, qui est de laver les pieds ou les mains dans un fort mélange d'eau et de sel, et de les laisser sécher sans les essuyer.

L'AFFECTION DES NERFS, qui produit souvent la perte momentanée de la raison, peut presque toujours être empêchée en lavant le sommet de la tête deux ou trois fois avec le remède ; mais chaque fois l'on doit bien frotter pendant dix minutes ou un quart d'heure, et je pense que pour confirmer la guérison, on devra prendre à jeûn, pendant une douzaine de jours, deux cuillerées du remède mêlées avec de l'eau chaude. J'ai eu l'occasion de l'employer dans deux cas, d'une nature bien différente, avec un égal succès. La première fois ce fut sur un médecin du village de La Ferté Imbault, près mon château en France. Il était atteint d'une fièvre cérébrale, que je considérais comme un avant-coureur de la folie. Elle était dans son paroxysme. Il se serait donné la mort si on ne l'en eut empêché. Le remède fut employé dans une de ces crises : la guérison fut prodigieuse, instantanée, durable, et pendant tout le temps qu'il a vécu dans ce village, aucun retour de cette maladie ne s'est manifesté. La seconde fois ce fut sur une dame qui avait une attaque de nerfs. Cette maladie agissait sur sa raison et durait pendant plusieurs semaines.

Elle était dans une grande agitation. C'était une dame fort aimable, et sa perte eut été vivement regrettée par ses nombreux amis. D'abord elle ne voulut point faire usage du remède, mais, à la fin, il fut appliqué. Elle est maintenant bien portante, et, depuis plusieurs mois, elle n'a ressenti aucune atteinte de cette maladie. Je pense que le siège de ce mal est dans la tête, et qu'il serait bon que la personne malade prît chaque matin, à jeun, deux cuillerées du remède mêlées avec de l'eau chaude. Je prierai ici les médecins, qui ont soin des maisons destinées aux aliénés, de vouloir bien faire usage de ce remède. Je suis certain qu'il produirait d'heureux résultats, et je prendrai la liberté de leur demander s'ils penseraient, en n'employant point cette découverte, remplir leur devoir envers les malheureux confiés à leurs soins. J'espère bien que l'égoisme et la prévention ne s'opposeront point à son usage dans de si malheureuses maladies. Comme aussi il y a un grand nombre de personnes affligées de cette maladie, qui ne sont point traitées dans les hôpitaux, mais par leurs amis, j'espère bien que rien, pas même les représentations de leurs médecins, quelque soit la puissance de leur influence, ne pourra les détourner d'en faire usage. S'ils sont guéris par ce moyen, ils croiront nécessairement de leur devoir de le faire connaître à tous. Quelques communications semblables en rendraient bientôt l'usage général, et, par ce moyen, les hôpitaux, destinés à ce genre de maladie, deviendraient moins encombrés.

Les enfants de l'âge de quatre ans et au-dessous sont guéris en leur lavant la tête seulement une fois. J'en ai eu tant de preuves que je peux en parler avec la plus grande confiance. Dans un seul cas seulement, il a été sans effet : c'est une éruption de la peau. Dans tous les autres cas, soit de maladie, soit de faiblesse, il a toujours parfaitement réussi. Plusieurs de ces guérisons ont été opérées dans le village, près de mon château, et ces enfans sont plus beaux et mieux portans que ceux qui ont été malades. Je fus une fois appelé dans l'une de mes fermes, où je trouvai trois enfans atteints de la fièvre. Ils étoient dans un état de transpiration extraordinaire. L'aîné avait neuf ans ; les deux autres étaient au-dessous de trois ans. Ils furent tous frottés avec le remède sur le sommet de la tête. Durant l'opération, chacun d'eux se trouva mieux, et avant même que j'eusse quitté la maison, ils paraissaient tout-à-fait délivrés. Je ne retournai pas les voir, mais je demandai de leurs nouvelles à leur père, qui me dit qu'ils n'avaient éprouvé aucun retour de fièvre. Les effets surprenans de ce remède, particulierement sur les enfans, me conduit à mettre en doute l'opinion généralement reçue, que les maux de tête sont causés par l'état de l'estomac, et je suis convaincu par l'expérience que l'état de la tête agit, non seulement sur l'estomac, mais aussi sur tout le corps humain. Je pense que cette opinion a été une erreur parmi les médecins. Ils pourront être offensés que je ne sois pas de leur avis, mais comme mon opinion est fondée sur des faits et sur des observations précises, je les prierai de mettre leur attention à découvrir ici la vérité, tout en pensant que les choses généralement reçues peuvent fort bien être erronées. Mais, qu'ils donnent à ceci la conclusion qu'ils voudront, ils ne pourront mettre en doute le fait d'enfans guéris en se lavant le sommet de la tête avec ce remède.

CANCERS. J'ai obtenu un si complet succès en appliquant mon remède aux cancers, que je ne pense pas qu'il puisse jamais manquer. L'opération consiste simplement à laver ou frotter la plaie avec le remède. Il y a encore quelques doutes s'il guérira ou non les cancers existant depuis fort longtemps, mais il n'y a nul doute qu'il ne guérisse ceux qui existent depuis une année. Il est aussi fort aisé de reconnaître si la plaie est d'une nature cancéreuse : dans ce cas, l'application ne cause aucune douleur et la guérison est rapide. A toutes les autres plaies il cause de la douleur. Pour les cancers, existant depuis longtemps, je recommande que le sommet de la tête soit bien frotté avec le remède, et que le malade en prenne deux cuillerées, mêlées avec de l'eau chaude, chaque matin. La place doit être lavée avec le remède, et un linge doit en être saturé et être appliqué et tenu constamment sur la plaie, si c'est possible. Dans tous les cas, si cette méthode est suivie, il en résulte toujours un grand soulagement, et souvent une guérison ; et dans l'avenir, il ne pourra plus y avoir de cancers opiniâtres, si le remède est appliqué dans les premières périodes.

FIÈVRES. Dans tous les cas de fièvre, et ils sont nombreux, la première opération est de frotter le sommet de la tête avec le remède, et immédiatement après le malade doit prendre deux cuillerées mêlées avec de l'eau chaude. Ceci doit être répété à un intervalle de une heure à trois heures, selon la violence de l'attaque. Aucune amélioration ne peut être opérée avant que l'inflammation ne soit réduite, et rien ne la réduira aussi promptement que ce remède, et cela sans saignées, sans vésicatoires. — Mais toutes les maladies sont plus facilement guéries dans leur naissance.

L'INFLAMMATION DES POUMONS est généralement soulagée en lavant le sommet de la tête et en prenant deux cuillerées du remède mêlées avec de l'eau chaude. Mais cette opération doit être répétée plusieurs fois par jour, et une pièce de linge doit être pliée en plusieurs doubles, imbibée du remède et placée sur l'endroit où est la douleur.

CONSOMPTIONS. Je n'ai pas le moindre doute que la plus grande partie de ces maladies ne soient guéries par l'application du remède à leur naissance, en frottant d'abord le sommet de la tête une fois, et en prenant une ou deux cuillerées du remède mêlées avec de l'eau chaude, chaque matin, une heure avant de déjeûner. Il sera bien d'en frotter aussi la poitrine une fois chaque matin. J'ai vu deux exemples de ses prodigieux effets : l'un à La Ferté Imbault, l'autre à l'île de Man (1). Comme la découverte de ce remède est récente, les

(1) L'EAU-DE-VIE ET DU SEL.—Notre dernier numéro contenait un long

cas de guérison de cette maladie ne sont pas nombreux; mais seulement qu'on s'en serve d'une manière convenable, et je ne doute point que chaque année des milliers de personnes n'aient à se louer de ses résultats.

Les Asthmes sont grandement soulagés en frottant le sommet de la tête une fois avec le remède avant de se mettre au lit, et en en prenant une ou deux cuillerées mêlées avec de l'eau chaude, le matin, pendant plusieurs jours.

La sœur du curé de notre paroisse, en France, était depuis long-temps affligée d'un asthme, et après plusieurs recommandations, elle se décida à user de ce remède. Son frère dit maintenant, chaque fois qu'on lui demande de ses nouvelles, qu'elle est beaucoup mieux depuis qu'elle a pris ce remède. J'espère donc que, dans tous les cas, il fera beaucoup de bien, et que quelquefois il pourra opérer une entière guérison.

Le Rhume et la Toux sont beaucoup soulagés par l'application du remède sur la partie affectée; si c'est la tête, la tête doit être frottée; si c'est la gorge, les oreilles doivent être remplies l'une après l'autre avec le remède, qu'on doit y laisser demeurer pendant dix minutes. Le gosier doit être gargarisé,

article sur un nouveau et simple remède (un mélange d'eau-de-vie et de sel) vivement recommandé par l'auteur de sa découverte, comme un puissant remède dans plusieurs maladies dangereuses qui affligent le genre humain. — Comme l'article en question n'était point un puff de charlatan mais l'œuvre d'un homme honorable, qui désire être utile à ses semblables, nous l'avons accueilli avec plaisir. Nous avons eu depuis l'occasion de remarquer l'efficacité de cette découverte sur un jeune homme dont la vie était en danger. Un jeune homme qui avait résidé pendant quelque temps dans notre île s'en alla dans la Caroline du sud, il y a trois ans, dans l'intention d'y former un établissement. Mais le climat ne lui étant point favorable il revint à Douglas il y a environ un mois, atteint d'une consomption, pensant que le changement d'air pourrait le rétablir. Ayant lu la description du remède que nous avons mentionné, il en fit l'essai. Après qu'il s'en fut servi, selon l'ordonnance, pendant trois semaines, tous les symptômes de consomption s'évanouirent. Et il est maintenant si bien portant qu'il se prépare déjà à retourner en Amérique, avec l'intention de fixer sa résidence dans une partie plus salubre de ce riche pays. *(Manx liberal.)*

et le cou et la poitrine frottés avec le remède. La guérison de ces maladies est quelquefois très-lente et demande beaucoup de persévérance ; souvent même il est nécessaire d'appliquer les sangsues. Si la poitrine est attaquée, le malade doit appliquer un linge doux doublé en plusieurs plis et imbibé du remède sur sa poitrine, et avoir soin de le tenir constamment humecté. Les effets de cette opération sont quelquefois frappans.

La Dyssenterie, si elle est violente, doit être traitée en frottant d'abord le sommet de la tête avec le remède, une fois, et en prenant immédiatement après une ou deux cuillerées du remède mêlé avec de l'eau chaude. Ceci doit être répété trois ou quatre fois chaque jour. Il faut que la maladie soit bien mauvaise pour n'être pas complétement guérie en deux ou trois jours ; mais la persévérance est nécessaire.

Les Foulures et Entorses sont aisément guéries par ce remède ; quelquefois en en frottant simplement la partie, et si cela ne réussit point, en prenant une longue pièce de linge, large d'environ deux pouces, pour en entourer la partie malade, après avoir bien imprégné le linge avec le remède. La guérison s'opère ordinairement en un jour ou deux jours ; mais le linge doit être constamment humecté avec le remède jusqu'à ce que la guérison soit effectuée.

Les Meurtrissures demandent quelquefois d'être frottées plusieurs fois avec le remède ; une ou deux fois suffisent ordinairement, mais il est toujours bon de persévérer jusqu'à ce que la guérison soit opérée. L'application ne cause aucune douleur ; mais souvent les meurtrissures sont longues et ennuyeuses à guérir.

Le Scorbut demande seulement d'être frotté plusieurs fois avec le remède, jusqu'à ce que la maladie ait disparu. Mais si la personne pense avoir le sang impur, elle fera bien de se laver le sommet de la tête avec le remède, et d'en prendre deux cuillerées avec de l'eau chaude, chaque matin avant de déjeûner, et pendant douze jours. Il purifiera le sang en même temps qu'il fera disparaître la maladie.

La Gale peut, je crois, être guérie en se lavant et se frottant avec le remède, jusqu'à ce qu'elle soit guérie. Mais souvent la guérison de cette maladie est fort lente et demande beaucoup de persévérance et de propreté.

La Teigne, sur la tête des enfans, est aisément guérie en lavant la tête avec le remède. Rarement il faut une semaine pour faire disparaître le mal, et rien ne contribue plus à la santé des enfans que de leur laver la tête. Beaucoup d'écoles deviennent désertes par l'effet de cette maladie ennuyeuse qui pourrait être évitée si les maîtres et maîtresses voulaient employer ce remède. Je pense que l'infection produite par cette maladie, disparaîtra à la première application.

Les attaques de Paralysie doivent être traitées à l'instant où elles se déclarent. Il est donc urgent que chaque famille soit pourvue d'une bouteille du remède tout préparé. Le sommet de la tête doit être bien frotté avec le remède, et en même temps on en donnera au malade deux cuillerées avec de l'eau chaude, pour une femme, et trois cuillerées pour un homme. Une autre personne doit être employée à frotter avec le remède la partie affectée. Il sera peut-être nécessaire de donner au malade plus d'une dose ; mais ceci doit être laissé à la discrétion de ses amis : il fera assurément du bien étant répété.

Grossesse. Les femmes enceintes doivent en prendre une cuillerée mêlée avec de l'eau chaude une fois par semaine ou par quinzaine, mais pas plus souvent, pendant leur grossesse ; cela contribue à la bonne santé de l'enfant, et rend la délivrance moins difficile.

Les Morsures des Reptiles venimeux sont aisément guéries en frottant la partie mordue avec le remède. Il neutralise l'effet du venin et guérit la plaie en fort peu de temps ; mais il est bon d'en faire l'application à l'instant de la morsure.

Les Morsures de Chiens enragés ou de tous autres chiens sont facilement guéries en frottant la partie mordue avec le remède. Je crois que la personne mordue n'éprouvera pour ainsi dire aucune douleur, si l'application est faite le même jour; mais il est toujours mieux de la faire immédiatement après, de la répéter plusieurs fois, et d'appliquer sur la partie un linge doux imbibé du remède. Ceci est un des cas que je n'ai pu éprouver par le fait, n'en ayant pas eu l'occasion, et n'ayant pu l'éprouver sur moi-même.

Les Piqures de Guêpes, Abeilles, etc., sont guéries en frottant avec le remède la partie affectée, aussitôt après la piqûre. La guérison est aussi prompte que l'attaque ; mais je ne pense pas qu'il produise autant d'effet si la partie est enflée ; en conséquence, l'application doit être prompte.

L'Érésipèle est guéri en frottant les parties avec le remède. Un prêtre, dans le Nord, a eu l'obligeance de me communiquer un exemple que je citerai d'après ses propres paroles :— « La personne malade était une femme; ayant eu occasion d'aller dans la maison pour mes affaires, un matin vers onze heures, je trouvai la pauvre créature plus morte que vive, en proie à une douleur violente, comme si on lui eut brûlé les bras et les mains, qui étaient rouges d'inflammation depuis les doigts jusqu'aux coudes. Elle était dans un état pitoyable et me dit qu'elle n'avait pu dormir depuis deux nuits. Quelques médicamens lui avaient été donnés, mais aucune application extérieure n'avait eu lieu. Je lui demandai si elle voulait me permettre d'essayer de la soulager. Elle me répondit que je pouvais faire tout ce que je voudrais. J'envoyai donc chez moi chercher du remède que je tenais préparé, et je commençai à lui baigner dedans les bras et les mains pendant environ dix minutes : l'effet fut presque miraculeux, et la pauvre femme éclatait de joie. Il était, ai-je dit, dix heures du matin ; vers midi j'allai voir comment elle allait, et je la trouvai dormant d'un profond sommeil. Dans la soirée elle alla beaucoup mieux encore, ayant elle-même baigné ses mains de nouveau. Dans quarante-huit heures la guérison fut complète ; non-seulement la douleur avait cessé, mais les membres avaient repris leur aspect naturel, et toutes les traces de décoloration avaient disparu. » Ceci montre ce qui pourrait être fait, sans la moindre peine, par les ministres de l'évangile, et c'est réellement leur devoir de travailler à la santé de leurs paroissiens ou auditeurs. J'espère donc qu'ils apprendront à faire usage de la découverte contenue dans cette publication, et qu'ils s'en serviront dans les cas où elle pourra être utile.

Tic Douleureux. Cette maladie peut être beaucoup soulagée par l'usage de ce remède, et peut-être guérie si le tic est au visage. Le sommet de la tête doit être bien frotté avec le remède, ensuite l'oreille, du côté où il se trouve, doit en être remplie pendant dix minutes; après cela, la partie affectée doit être bien frottée avec le remède. Si de cette manière la guérison n'est point opérée, je recommande que le malade prenne deux cuillerées du remède, mêlées avec de l'eau chaude, chaque matin pendant quatorze jours environ, une heure avant déjeûner.

Les Scrofules doivent être fort difficiles à guérir, mais comme cette maladie est dans le sang, le sang doit être purifié, ce qui sera fait facilement en frottant le sommet de la tête une fois avec le remède, après quoi le malade en prendra une ou deux cuillerées, mêlées avec de l'eau chaude, une heure avant le déjeûner, chaque matin pendant au moins un mois. Les plaies doivent être couvertes avec un linge doux imbibé du remède. Il sera bien aussi d'appliquer quelque chose d'adoucissant sur la plaie. Je ne connais rien de meilleur que le suif. Je ne dirai pas que ce remède guérira ces affections, mais je dis qu'il diminuera les souffrances du malade et qu'il changera une vie de douleur et de souffrances en une existence confortable et douce, comparativement à la première.

Les Maladies Bilieuses sont guéries en frottant d'abord le sommet de la tête une fois avant de se mettre au lit, et en prenant le lendemain matin deux cuillerées du remède, mêlées avec de l'eau chaude, une heure avant de déjeûner, pendant une vingtaine de jours. Avant que la moitié de ce temps soit passé, les effets se feront remarquer sur la figure du malade, qui, de sèche, blanche, ou jaune, deviendra fraîche et rubiconde. Mais ceci est le moindre des effets que le malade ressentira de son usage.

LES MORSURES DES MOUSTIQUES, COUSINS, et autres insectes nuisibles, peuvent être guéries en frottant seulement la partie mordue avec le remède.

LA PESTE étant une maladie inflammatoire, j'espère qu'elle sera guérie également en frottant d'abord le sommet de la tête avec le remède, et en en donnant aussitôt après au patient trois cuillerées mêlées avec de l'eau chaude, et répétant de dix en dix minutes si le malade peut le prendre, jusqu'à ce que la maladie ait disparu. Je désirerais beaucoup que ce remède fut importé en Turquie ; beaucoup d'existences précieuses pourraient être épargnées, si ses résultats, comme je n'en doute pas, étaient favorables.

LA GANGRÈNE est aussi facilement guérie (je puis en juger d'après le seul cas que j'ai traité) que les autres plaies : Une personne, comme je l'ai déjà rapporté, eut la main écrasée par une voiture et une partie de ses doigts emportés. Le remède fut appliqué comme à l'ordinaire, en entourant la plaie d'un linge imbibé du remède et en ayant soin de le tenir constamment humecté en le mouillant de temps à autre.

LES CLOUS ET ABCÈS doivent être couverts avec un linge imbibé du remède et constamment humecté. Quoique cette application n'empêche pas l'abcès ou le clou de percer, il diminue beaucoup la douleur en faisant disparaître l'inflammation.

COUPURES. Je ne pense pas que ce remède ait son égal pour ces sortes d'accidens. Quand il est employé aussitôt, il ne cause aucune douleur et guérit en fort peu de temps. On imbibera un linge du remède et on en enveloppera la partie, en le tenant constamment mouillé ; il faut que la coupure soit bien grave pour qu'il soit besoin d'enlever ce linge avant parfaite guérison.

Les Panaris peuvent être guéris en tenant le doigt trempé dans ce remède ou en l'entourant d'un linge qui en soit imbibé et qui sera tenu mouillé jusqu'à ce que la guérison soit effectuée.

Les Maux de Reins, quoique compris parmi les maladies rhumatismales, sont guéris généralement en frottant avec le remède la partie affectée; mais s'ils ne peuvent être guéris de cette manière, ou s'ils reviennent de nouveau, je recommanderai au malade de se bien frotter la tête avec le remède une fois avant de se mettre au lit, et d'en prendre pendant plusieurs jours chaque matin, une heure avant de déjeûner, deux cuillerées mêlées avec de l'eau chaude.

La Jaunisse peut être guérie, je pense, en se lavant la tête avec le remède avant de se mettre au lit, et en en prenant pendant plusieurs jours, chaque matin, une heure avant de manger, deux cuillerées mêlées avec de l'eau chaude, jusqu'à ce que la guérison s'effectue, ce qui, je pense, pourra avoir lieu en huit ou dix jours.

Les Maladies du Foie et du Cœur peuvent seulement être guéries en mettant les intestins dans un état de santé parfait, ce qui aura lieu en frottant la tête une fois avec le remède, avant de se mettre au lit, et en en prenant chaque matin deux cuillerées mêlées avec de l'eau chaude, une heure avant de déjeûner ; il sera peut être nécessaire de continuer ce traitement pendant plusieurs mois avant la guérison. Il vaut mieux prévénir les maladies que de les guérir, et tout ce qui pourrait causer des maladies d'intestins doit être évité soigneusement.

Les Anciennes Plaies sont soulagées très-souvent en imbibant un linge du remède et en l'appliquant sur la plaie. Après trois ou quatre applications, la douleur est disparue et la plaie nettoyée. Combien de malheureux, affligés de plaies incurables, traînant une existence de misère, pourraient ainsi être soulagés. Beaucoup de personnes, qui n'avaient pu dormir depuis des semaines entières, ont pu goûter les douceurs du repos dès la première application de ce remède. Quelque malignes que soient les plaies, elles ne peuvent résister à son efficacité. M. Vallance de Hull dit : « J'ai éprouvé moi-même sa puissance en entourant la partie affectée avec un linge imbibé du remède, et en en versant quelques gouttes dessus, de temps à autre, de manière à le tenir constamment mouillé. Plus l'application est fréquente, plus les résultats sont remarquables. Je continuai l'usage de ce remède pendant trois semaines, et malgré que ma jambe fut depuis plusieurs mois dans un état à désespérer les plus habiles médecins, et à m'ôter tout espoir de guérison, à ma grande surprise, au bout d'un mois, l'inflammation disparut, et la plaie fut guérie et cicatrisée. »

LA FIEVRE JAUNE, qui souvent se change en fièvre noire, ou vomissement noir, est, je pense, de même nature que la peste, et doit être conséquemment traitée de la même manière. Je suis persuadé qu'un grand nombre d'existences pourront être conservées par ce moyen.

LES GLANDES proviennent de l'état malsain de l'intérieur du corps ; on doit donc remédier d'abord à cet état, en lavant la tête avec ce remède et en en prenant chaque matin pendant une dixaine de jours mêlé avec de l'eau chaude, une heure avant de déjeûner. Quand elles sont formées, je ne pense pas qu'elles puissent être guéries autrement que par la méthode ordinaire, mais la douleur sera beaucoup diminuée en lavant l'extérieur et en fomentant avec le remède les parties qui causent de la douleur.

L'INDIGESTION peut être guérie en frottant le sommet de la tête une fois en en prenant une ou deux cuillerées du remède mêlées avec de l'eau chaude chaque matin jusqu'à guérison. Comme correctif ce remède est très-efficace.

LES DOULEURS DE L'ÉPINE DORSALE ont, je crois, leur source dans la tête. Il sera donc bien de se frotter d'abord le sommet de la tête avec le remède en se mettant au lit, ensuite chaque matin le malade pourra en prendre une ou deux cuillerées de la manière ordinaire, jusqu'à ce que la maladie ait cessé. Un linge doux imbibé du remède peut être aussi appliqué et tenu mouillé sur la partie malade.

L'obligeance, l'amitié et la gratitude de M. Vallance de Hull, numéro 34, Low-Gate, Hull, qui a employé avec succès sur lui-même mon remède à une jambe enflammée et à un rhumatisme, m'ont mis à même d'ajouter plusieurs exemples nouveaux ; toutes les personnes vivent encore, et si on désire de plus amples informations, M. Vallance les donnera à sa résidence à Hull, mais non par lettres. Elles demeurent toutes dans le voisinage et on pourra les interroger personnellement.

1. Une dame à Grimsby, guérie d'un rhumatisme au bras.

2. Un homme à York, guéri d'un violent et ancien rhumatisme aux mains.

3. Un homme à Hull, guéri d'une violente douleur dans le dos.

4. Deux femmes furent guéries d'un violent mal de gorge, mais elles perdirent, de la même maladie, leurs maris qui ne voulurent point en faire usage.

5. Madame William Finkle-Street, guérie d'une inflammation du gosier et des poumons.

6. Madame Harrison, 41 Saville-Street, guérie de spasmes et d'indigestions.

7. M. Craggs, Dock-Sreet, guéri d'une douleur dans le côté.

8. Anne Banks, à Myton-Street, tout à fait guérie d'une attaque de paralysie ; elle alla trouver M. Wallance et lui fit part de sa guérison qu'elle attribua entièrement à l'eau-de-vie et au sel. Elle en avait pris à peu près deux décilitres par jour.

9. Le capitaine Plumb, du vaisseau *Anne*, du débarcadère de Keddy, avait un rhumatisme à la tête et dans tout le corps : il était près de mourir. M. Vallance lui recommanda l'eau-de-vie et le sel. Il s'en frotta la tête et en usa selon la prescription. Le quatrième jour, il vint gaîment dire qu'il était beaucoup mieux.

Son état continua à s'améliorer, et il est maintenant tout-à-fait bien.

10. Madame Hodgton, Myton-Gate, guérie d'un mal de gorge.

11. Madame Wardle, Bichop-Lane, avait un violent mal de cœur depuis plusieurs mois, et avait été abandonnée par tous les médecins. Elle fut guérie parfaitement en quelques semaines.

12. Madame Brown, guérie d'un violent mal de tête.

13. Un homme de Flambro, guéri d'une enflure au genou. Sa femme guéri d'un mal de jambe.

14. M. Bealby, guéri d'un mal de jambe.

15. Easton, voiturier à Hull, guéri d'un mal de jambe qui durait depuis vingt-deux ans.

16. James Calvert, Agnes-Place, guéri d'un abcès de poumons et de consomption.

17. John-Crowest, pilote à Manchester, guéri d'une consomption qui ne laissait plus d'espoir. Il alla trouver M. Vallance en même temps que James Calvert. L'application du remède leur fit expectorer une grande quantité de matières corrompues mêlées avec du sang et de la bile. Mais ensuite ils se trouvèrent tout-à-fait bien. Ils allèrent trouver M. Vallance qui les conduisit au docteur qui fut bien étonné, ayant considéré leur guérison comme impossible. On avertit Calvert de se précautionner contre le froid, parce qu'il avait expectoré la moitié de ses poumons. Il dit que dans aucun moment de sa vie il ne s'était trouvé mieux, excepté qu'il ressentait une petite faiblesse dans les jambes.

18. Robinson, pauvre homme attaqué d'un rhumatisme et traîné dans les rues de Hull sur une voiture attelée de deux chiens, fut guéri en quelques semaines et put marcher et vaquer à ses affaires.

19. Williams Smales, numéro 12, Charter-House-Lane, guéri de seize ulcères à la poitrine existans depuis quatre ans.

20. Madame Hardy, guéri d'une grande tumeur au cou.

21. M. Vallance, Low-Gate, avait eu le grand orteil mutilé par la chute d'un poids considérable. Il fut guéri le jour suivant.

22. Son fils ayant eu un pied violemment meurtri par la chute d'un volet, fut guéri en une semaine par ce remède.

Les exemples ci-dessus cités démontrent combien de cures heureuses ont pu être opérées en peu de temps par un seul homme qui ne s'occupait aucunement de rechercher les personnes malades. M. Vallance ne connaissait point ce remède avant juin 1839.

Je pense que toutes les maladies peuvent être traitées d'après les différentes méthodes que j'ai indiquées. Le frottement de la tête avec le remède est de la première importance, car il agit sur tout le corps, et une cuillerée du remède suffit pour cette opération.

On m'a souvent demandé si le gin, le rhum, l'esprit de vin ou l'eau-de-vie de pommes de terre ne pouvaient pas remplacer l'eau-de-vie de France.

Je répondrai qu'on peut faire l'essai des trois premières, mais je me suis contenté de l'eau-de-vie de France. Quant à l'eau-de-vie de pommes de terre, je rapporterai le fait suivant : Deux hommes ayant lu mes lettres dans l'*Intelligencer*, se servirent du remède pour le même mal, le rhumatisme, je crois. Ils le préparèrent de la même manière. L'un au bout de quelques jours était presque guéri, il avait employé de l'eau-de-vie de France ; l'autre n'allait pas mieux, il avait employé l'eau-de-vie de pommes de terre, Nul doute que s'il eût employé de l'eau-de-vie de France il n'eût obtenu le même résultat. Quand je publiai ma découverte pour la première fois, on m'accusa de mensonge. J'avertis donc ceux qui me traiteront avec si peu de ménagemens de prendre garde de mentir eux-mêmes. J'ai entendu dire aussi dans une société où je me trouvais que j'avais sans doute une manufacture d'eau-de-vie en France, et que j'avais en recommandant l'eau-de-vie de France des vues tout à fait intéressées. Beaucoup de personnes égoïstes jugent les autres par eux-mêmes et pensent que rien ne peut être fait qu'en vue d'un intérêt personnel. J'affirme donc ici que jamais ma propriété de France ni ses environs n'ont produit une cuillerée d'eau-de-vie et que le soupçon que je viens de mentionner est tout à fait injuste.

Je prends la liberté de dire que comme remède ma découverte est sans égale. Que ce remède soit appliqué intérieurement ou extérieurement, ses effets sont prodigieux. Il guérit des maladies réputées incurables. La simplicité de sa compotion est unique. Il s'agit seulement de mettre une quantité suffisante d'eau-de-vie et de sel, de les remuer ensemble, et on peut s'en servir aussitôt qu'il est devenu clair.

J'ai beaucoup d'obligations aux habitans de La-Ferté-Imbault ; puisqu'il se servent de mon remède, il s'en suit naturellement qu'ils ont reconnu son efficacité. Ce village aura été le lieu destiné à recevoir le premier et à faire connaître un bienfait qui, assurément, dans peu d'années, sera devenu universel.

La ville de Leeds, qui m'est si chère, sera le grand centre d'où ce bienfait se répandra sur toute la terre. Que ses habitans craignent que cet avantage ne leur soit ravi à cause de leur tiédeur. Déjà plusieurs villes se sont mises en avant. Comme simple citoyen de Leeds, je ne puis qu'exhorter ; c'est à ses habitans d'agir, et j'espère qu'ils agiront de manière à ne point perdre la gloire d'avoir été les premiers à rendre service aux pauvres et aux malheureux.

Je suis avec respect votre sincère serviteur,

WILLIAM LEE.

P. S. — Ce remède, quoiqu'un des plus stomachiques qui existent, cause quelquefois des vomissemens, mais cela arrive peut-être une fois sur cinquante et prouve le mauvais état de l'estomac. Dans ce cas, on doit prendre une quantité suffisante d'eau chaude pour faire vomir, et ensuite renouveler la dose avec la quantité d'eau chaude ordinaire. Ceci doit être répété jusqu'à ce que le remède tienne sur l'estomac, et alors la guérison sera certaine.

ADDENDA

Pendant que cette brochure était sous presse, les lettres suivantes ont été rendues publiques, et j'ai cru devoir les rapporter ici.

AU RÉDACTEUR DE L'*Intelligencer* DE LEEDS.

Monsieur, — J'ai recueilli tant d'avantages de l'usage d'un remède, composé d'eau-de-vie et de sel, découvert par M. W. Lee de la Ferté Imbault, que je crois qu'il est de mon devoir de le faire connaître au public de Leeds, comme je l'ai déjà fait à Hull. J'étais affligé d'une jambe malade et enflammée, qui, depuis six ou huit mois, avait rendu inutiles les soins des plus habiles chirurgiens que j'avais pu me procurer. La douleur était telle, et j'avais si peu d'espoir de guérison, que je regardais une amputation comme indispensable. Comme je ne pouvais avoir de repos ni jour ni nuit, je me déterminai, après avoir lu une adresse de M. William Lee, à essayer de sa découverte, et je suis heureux de vous informer que j'en ai retiré le plus grand avantage dès la première application, et dans un mois ma jambe a été guérie, comme vous l'avez vu ce matin dans vos bureaux. Je me plais à dire que cette guérison est presque au-delà de toute croyance, et les personnes qui désireront une plus ample information, peuvent s'adresser à ma demeure, n. 34, Low-Gate, à Hull. En apprenant que M. Lee était à Leeds, ma reconnaissance m'a fait un devoir de rendre ce fait public. En insérant ma lettre, vous m'obligerez infiniment.

Je suis avec respect,

J.-H. VALLANCE.

Leeds, 5 juin 1840.

Du *Standard* DE LIVERPOOL, du 9 juin.

L'EAU-DE-VIE ET LE SEL.—Nous sommes, au moment même, informés d'un exemple frappant des effets d'un remède très-simple. M. Simpson, négociant respectable, demeurant à Great-Yarmouth, avait depuis un mois un côté entièrement perclus par une attaque de paralysie. Son fils, qui demeure à Liverpool, apprenant cette affligeante nouvelle, lui envoya une brochure sur « l'*Eau-de-vie et le Sel*. » Le remède fut pris à la fois intérieurement et extérieurement, et M. Simpson, dont la vie était menacée il y a trois semaines, est maintenant dans un état qui lui permet de vaquer à ses affaires avec sa ponctualité ordinaire.

INDEX.

(IMPRIMERIE DE LIREUX, PÈRE, RUE SAINTE-ANNE, No. 55.)